CONCEPTO, CAUSAS Y MECÁNICA DEL PARTO

JESUS S. RIVAS DOBLADO
LEONOR RAMIREZ GAVILAN

Concepto, causas y mecánica del inicio de parto.

Concepto, causas y mecánica del inicio de parto.

Jesus S. Rivas Doblado
Comadrón Hospital de la Mujer
HHUU Virgen del Rocío-Sevilla
Comadrón Clínica de Fátima - Sevilla

Leonor Ramirez Gavilán
Matrona Hospital de la Mujer
HHUU Virgen del Rocío-Sevilla

Concepto, causas y mecánica del inicio de parto.

Concepto, causas y mecánica del inicio de parto.

INDICE

    I- CONCEPTO

    II- CAUSAS DEL PARTO

- a. Factores miometriales.
- b. Membranas ovulares, Líquido amniótico y Placenta.
- c. El Feto.
- d. La Madre
- e. Cuello Uterino

  II.1 Conclusiones

    III- MECANISMO DEL PARTO NORMAL.

        III.1 Objeto del parto.

        III.2 Canal del parto.

        III.3 Motor del parto.

        III.4 Mecanismo del parto.

        III.5 Aspectos históricos sobre el mecanismo del parto.

    IV- ASISTENCIA EN EL PERIODO DE DILATACION

    V- TABLAS

    VI- BIBLIOGRAFIA

CONCEPTO, CAUSAS Y MECANICA DEL INICIO DE PARTO

I. CONCEPTO

El concepto de "inicio del parto" se puede considerar desde diferentes puntos de vista:

- Desde un punto de vista fisiológico, el útero y el resto del organismo materno empiezan a prepararse para el parto ya desde las primeras fases de la gestación, con la hipertrofia de la musculatura uterina, el acumulo de proteínas contráctiles en el miometrio, el lento y continuado incremento de la actividad uterina en las últimas semanas de la gestación, la maduración cervical progresiva, etc.

- Desde el punto de vista clínico, de mayor interés en este contexto, el "inicio del parto" se puede definir como aquel momento en el que la actividad uterina es regular (por lo menos dos contracciones uterinas en cada período de diez minutos según valoración clínica, ó 100 Unidades Montevideo según valoración tocográfica, y el cuello uterino está ya modificado y borrado, con una dilatación de 2 cm por lo menos. El tapón mucoso suele haberse expulsado algunas horas antes de llegar a este punto. De un modo un tanto convencional, las situaciones anteriores al momento aceptado como "inicio del parto clínico", se definen como preparto. Clínicamente, las contracciones uterinas y la modificación del cuello uterino son los datos objetivos que acompañan al inicio del parto. La expulsión del tapón mucoso, en especial en el momento en que se produce, es menos constante. También existen datos subjetivos, aunque son inconstantes, que pueden ayudar a sospechar el inicio del parto como, polaquiuria, inapetencia por los alimentos, cierta sensación de que algo ha cambiado en su organismo (la mujer se siente "rara"), y la imposibilidad de conciliar el sueño cuando el parto se ha iniciado (naturalmente en ausencia de administración de sedantes).

II. CAUSAS DEL PARTO

Al intentar dilucidar las causas del inicio del parto, se debe considerar que la preparación para el proceso del parto se inicia ya desde las primerísimas etapas de la gestación. Uno de los "errores" de la Obstetricia de hace algunos años era buscar la causa del comienzo del parto, intentando encontrar un factor o causa única que fuera el hecho desencadenante. En muchas ocasiones se partía de un modelo animal, en el que determinada modificación hormonal era capaz de iniciar el parto y se pretendía, con diversos argumentos, extrapolar este mecanismo a la especie humana. Así se invocaron como causa del inicio del parto un aumento de los estrógenos, una disminución de la progesterona, un incremento del cortisol fetal o un aumento en la producción de prostaglandinas, hechos capaces de desencadenar el parto en distintas especies animales. También se cayó en el error de confundir la farmacología con la fisiología, y así se pensó que puesto que la administración de oxitocina era capaz de desencadenar un parto, el inicio fisiológico de éste "debería" ocurrir con un incremento en la secreción de oxitocina. Con el descubrimiento de las prostaglandinas, y de su capacidad de inducir el parto, se cayó en un error parecido, ya que "debían" ser las prostaglandinas las que desencadenaban el parto.

Gracias a los conocimientos adquiridos en los últimos veinte años, sabemos hoy que, fisiológicamente, el parto no se desencadena por una única causa o fenómeno (como si hubiera que pulsar una tecla en el piano) sino por una serie numerosa de causas y fenómenos que empiezan a preparase desde el inicio de la gestación (que en el símil del piano equivaldría a una melodía en la que participan numerosas teclas, interpretada a lo largo de la gestación)

A. FACTORES MIOMETRIALES.

Puesto que la activación de la contractilidad miometrial es el punto crucial para que se desencadene el parto, empezaremos por describir los fenómenos que van modificando el miometrio desde el inicio de la gestación hasta el parto.

1. Estrógenos y progesterona

El incremento de la producción de estrógenos que significa la presencia de la gestación, induce desde la primeras fases del embarazo, los siguientes cambios:

- Hipertrofia de la células miometriales.
- Síntesis de proteínas contráctiles en el miometrio (actina, miosina, calmodulina, quinasa activadora de la cadena ligera de la miosina, etc.).
- Aumento y activación de los canales del calcio.
- Descenso del umbral de excitación de la célula miometrial, por lo que es capaz de responder a estímulos menores con una contracción.
- Mejor transmisión del impulso contráctil de célula a célula.

Por el contrario, la progesterona aumenta el umbral de excitación celular, por lo que los estímulos para desencadenar la contracción deben ser más intensos; además, la progesterona dificulta la transmisión del estímulo contráctil de célula a célula.

Estas observaciones sugerían que para que comience el parto sería preciso que aumentase la concentración de estrógenos y disminuyera la de progesterona. Sin embargo no ocurre así. Sabemos que tras una contracción miometrial, la célula entra en período refractario durante el que es insensible a los estímulos y no se contrae.

- Bajo el dominio estrogénico la célula miometrial es muy excitable, responde a estímulos muy pequeños, que producen contracciones segmentarias y fraccionadas en el miometrio, ya que es difícil que el estímulo se propague a las células miometriales que acaban de contraerse y se encuentran en período refractario ("bloqueo estrogénico").

- Bajo el dominio de la progesterona el estímulo contráctil debe ser más intenso, ya que el umbral de excitación celular es alto, pero cuando es suficiente para desencadenar la contracción, ésta se propaga con mayor facilidad, ya que la mayoría de las células vecinas no están en período refractario.

A lo largo de la gestación, el incremento en la concentración de estrógenos y progesterona es evidente, y ambas son necesarias para una correcta y efectiva contractilidad miometrial [i]. En distintas especies animales se ha observado que antes del comienzo del parto existe una disminución de la progesterona; este hecho no se ha comprobado en la especie humana. La observación de que un antagonista de la progesterona (la mifepristona o RU-486), administrado a la madre, facilita la respuesta a la inducción del parto, aunque por sí misma no induce al parto, no es prueba evidente de que, fisiológicamente, un descenso de la progesterona desencadene el parto. De hecho, en el especie humana, la concentración de progesterona no disminuye hasta después de la expulsión de la placenta. Otro efecto inducido por la progesterona en el miometrio es la "estabilización" de los receptores β-adrenérgicos, con lo que contribuye al mantenimiento de la gestación, pero sin que esté demostrado que el parto se inicie por un descenso de la progesterona, que "desestabilizaría" los receptores β-adrenérgicos.

2. Receptores miometriales para la oxitocina

Uno de los fenómenos más llamativos que ocurren en el miometrio a lo largo de la gestación es el importante incremento de los receptores de membrana de las células miometriales para la oxitocina. Este aumento es mucho más importante en el último trimestre del embarazo y explica la insensibilidad relativa del útero durante el 1º y 2º trimestre a la administración de oxitocina. Los receptores para la oxitocina aparecen gracias a los efectos de los estrógenos, las prostaglandinas, la distensión de la célula miometrial, y a otros estímulos no bien conocidos, y su concentración aumenta unas 100 veces durante el embarazo. El incremento de estos receptores a lo largo de la gestación explica que el útero sea cada vez más sensible a la acción de concentraciones idénticas de oxitocina, de tal modo que el útero podría empezar a contraerse sin necesidad de que aumentaran los niveles de oxitocina. Algo semejante ocurre con los receptores miometriales a la vasopresina. Ambos neuropéptidos (oxitocina y vasopresina) tienen la capacidad de fijarse y estimular cada uno a los receptores del otro, e incluso pueden compartir un mismo receptor. La concentración de los receptores miometriales es más elevada en el fondo y partes superiores del útero, que en el segmento inferior, siguiendo un gradiente descendente. Probablemente esta distribución de los receptores es la responsable del "triple gradiente descendente" de la contracción uterina, por lo que ésta es más precoz, más intensa y más duradera en el fondo uterino que en el segmento inferior. Y quizás, anomalías en la distribución normal de estos receptores pueden explicar algunas alteraciones de la dinámica uterina, como la inversión de gradientes.

3. Ventanas intercelulares

Otra importante modificación del miometrio, que ocurre durante el 3º trimestre de la gestación, es la aparición de comunicaciones o ventanas intercelulares ("gap junctions") entre célula y célula miometrial. La aparición de comunicaciones intercelulares es estimulada por la influencia de los estrógenos y de las prostaglandinas, e inhibida, en determinadas condiciones, por la progesterona y los antagonistas de las prostaglandinas. Su finalidad es facilitar el paso de segundos mensajeros de célula a célula para la transmisión del impulso contráctil, y por tanto de la propagación de la onda contráctil uterina. Se han identificado unas proteínas, llamadas conexinas, cuya disposición estereoquímica "abre" o "cierra" las ventanas intercelulares, permitiendo o impidiendo la transmisión del impulso contráctil.

4. Distensión miometrial

La distensión progresiva a la que se ve sometido el miometrio a lo largo de la gestación es un factor que estimula la síntesis de receptores de oxitocina. Ello explica el desencadenamiento del parto antes del embarazo a término de muchas gestaciones gemelares y de aquellas complicadas con hidramnios. Se supone que el "traumatismo" de una distensión miometrial excesiva, como ocurre en cualquier otro tejido sometido a un traumatismo, causaría un aumento en la síntesis de prostaglandinas miometriales, que estimularán su contractilidad.

En resumen: Un miometrio "maduro", y a punto para el parto, debe ser preparado para el mismo a lo largo de la gestación. La dificultad en activar un miometrio "inmaduro" en muchas inducciones de parto, se comprende fácilmente si se admite que la concentración de los receptores a la oxitocina y a la vasopresina, y las ventanas intracelulares no han alcanzado sus condiciones óptimas para el inicio del parto.

B. MEMBRANAS OVULARES, LIQUIDO AMNIÓTICO Y PLACENTA

1. Decidua

La función de la decidua en el inicio del parto ha sido descubierta en los últimos años. Las primeras evidencias de esta función se sospecharon cuando se descubrió la existencia de receptores celulares para la oxitocina en las células deciduales. Evidentemente este hecho llamó la atención, ya que la decidua no es un órgano contráctil. Sin embargo debe recordarse que la oxitocina, además de la estimulación del miometrio, tiene otras funciones como la estimulación de las células mioepiteliales de los alvéolos mamarios, acciones sobre el metabolismo del agua y regulación de la tensión arterial. La función de los receptores a la oxitocina en la decidua, es estimular la liberación y el metabolismo del ácido araquidónico en estas células, y así causar la síntesis de prostaglandinas y ácido 5-hidroxieicosatetraenoico (5-HETE), derivado del ácido araquidóico por la vía de las lipooxigenasas, que tienen capacidad oxitócica. El incremento de estos receptores en las últimas semanas de la gestación parece ser debida al efecto de los estrógenos. La síntesis de prostaglandinas y 5-HETE parece ser estimulada por la oxitocina, y por elevadas concentraciones de estrógenos y progesterona, acumulándose estos metabolitos en las células, mientras que la existencia de niveles altos de progesterona parecen dificultar el paso de estos metabolitos al espacio extracelular.

Alguna de las proteínas asociadas al embarazo sintetizadas en la placenta (PAPP-A) o la decidua (PP12 y PP14), tendrían un efecto inhibidor sobre la liberación de prostaglandinas por las células deciduales, pero no se ha comprobado una disminución de su producción antes de iniciarse el parto. En cambio, los glucocorticoides, que en muchos tejidos inhiben la liberación de prostaglandinas, no parecen tener este efecto en la decidua, puesto que su administración a dosis altas para estimular la maduración del pulmón fetal, no modifica el inicio de parto.

2. Amnios

El amnios posee receptores a la oxitocina, y participa también en el incremento en la producción de prostaglandinas y 5-HETE que ocurre en las últimas semanas de la gestación. Además, el amnios es el encargado de recibir una serie de "señales" de origen fetal, transmitidas a través del líquido amniótico, que contribuyen a aumentar la producción de prostaglandinas y 5-HETE en el amnios, en la decidua e incluso en el miometrio: 1) El líquido amniótico maduro del final de la gestación es rico en prostaglandina E2, que tiene su origen en el riñón fetal, 2) El "factor activador de las plaquetas" (PAF) originado en el pulmón fetal, entre otros tejidos, es regurgitado por el feto hacia el líquido amniótico y estimula el metabolismo del ácido araquidónico en las membranas ovulares y en el miometrio, y 3) Otras señales de origen fetal dirigidas hacia las membranas ovulares, y quizás al miometrio, estarían representadas por el factor de crecimiento epitelial y el factor de transformación del crecimiento.

Es de destacar que, en casos de infección de las membranas ovulares, la inflamación tisular es capaz de incrementar también la síntesis de prostaglandinas, interleuquinas, PAF, así como de otros estimuladores de la síntesis de prostaglandinas como el "factor necrotizante tumoral" (TNF) y el "factor estimulador del crecimiento de las colonias bacterianas" (CSF), y que este proceso sería la causa del inicio de parto en muchos casos de infección de las membranas. Pero esta situación ya no es, evidentemente, un inicio de parto normal.

La decidua y el amnios, como otros muchos tejidos, responden al "traumatismo" con la liberación de prostaglandinas. El aumento de la contractilidad miometrial que ocurre en las últimas semanas de la gestación, representa un "traumatismo" progresivamente mayor para las membranas oculares. Cuando este "traumatismo" alcanza cierta intensidad, la contractilidad uterina se perpetuaría a sí misma: La contracción uterina produciría una desestabilización de los lisosomas celulares en las membranas fetales, con lo que aumentaría la fosfolipasa A2, la enzima responsable de la liberación de ácido araquidónico (el precursor de prostaglandinas e interleuquinas), de tal modo que ambas sustancias verían su síntesis incrementada, ello estimularía la contracción miometrial y, a su vez, cada contracción produciría una nueva desestabilización de los lisosomas celulares. El proceso del incremento de la actividad uterina producido en las últimas semanas de la gestación conduce a un punto de "no retorno", y el parto se ha iniciado.

3. Placenta

La placenta constituye la parte más diferenciada de las membranas ovulares; y además de alguna función ya citada, se encarga de sintetizar la SP1 (proteína del embarazo,1), cuyo principal papel parece ser facilitar la tolerancia inmunológica del huevo durante la gestación. No obstante se ha detectado una disminución significativa de su producción al final del embarazo, hecho que pudiera relacionarla con el inicio del parto normal. También la placenta juega un papel fundamental en la síntesis hormonal de estrógenos (procesando precursores fetales y maternos) y de progesterona (principalmente a partir del colesterol materno), cuyo papel en relación con la contractilidad miometrial y el inicio del parto se ha analizando con anterioridad. La oxitocina placentaria puede ser importante para el mantenimiento de la gestación, pero no se ha demostrado su descenso antes del parto.

C. EL FETO

La participación del feto en determinar el inicio del parto parece realizarse a través de diversos mecanismos. Algunos se han citado previamente, al enumerar aquellas sustancias excretadas por el feto hacia el líquido amniótico y que alcanzan las membranas ovulares y el miometrio. El aumento progresivo de la secreción de dehidroepiandrosterona por parte de la suprarrenal fetal, se traduce en un incremento de la síntesis de estrógenos, cuyos efectos ya se han analizado.

1. Oxitocina

Se conocen por lo menos dos estímulos que actúan incrementando la secreción de oxitocina por parte de la hipófisis fetal: la hipoxia fetal (de cualquier origen) y la compresión sobre la cabeza fetal (contracciones de Braxton-Hicks de intensidad progresiva). En ambas circunstancias, la oxitocina fetal atraviesa la placenta y alcanza el miometrio, estimulándolo. Algo semejante ocurre con la vasopresina fetal (también con acción oxitócica), y ambas hormonas (oxitocina y vasopresina) se encuentran en concentraciones más elevadas en la arteria que en la vena umbilical fetal, lo que indica claramente su origen fetal. Las diferencias en las concentraciones arteriales y venosas de oxitocina y vasopresina son muy evidentes en los partos de comienzo espontáneo, al contrario de lo que se observa en fetos extraídos mediante una cesárea realizada antes del inicio del parto.

2. Cortisol

El cortisol de origen fetal no parece tener un determinismo excesivo a la hora de decidir el momento del inicio del parto (al contrario de lo que ocurre en ovinos y bovinos), puesto que la administración de glucocorticoides a dosis elevadas, no atrasa ni adelanta el inicio del parto en el ser humano. No obstante puede jugar un rol importante en la maduración de diversos tejidos (p.ej. el pulmón), encargados de segregar substancias que influirán en el inicio del parto, o en la aparición de distintos receptores hormonales.

D. LA MADRE

El organismo materno, haciendo abstracción del miometrio y la decidua, sobre los que ya se ha descrito su participación en el inicio del parto, participa también en determinar el momento del mismo. Parte de los precursores hormonales para la síntesis de estrógenos provienen de la suprarrenal materna; de igual modo, el principal precursor para la síntesis de progesterona en la placenta es el colesterol materno. La estimulación del cérvix y del tercio superior de la vagina, al igual que la estimulación del pezón, provocan un aumento en la frecuencia de los "chorros" o "descargas" intermitentes de oxitocina por parte de la hipófisis materna (reflejo de Ferguson). La dilatación cervical progresiva y el descenso de la cabeza fetal a la vagina, provocan la progresiva activación del reflejo de Ferguson, de tal modo que las descargas de oxitocina se vuelven más frecuentes. Con todo, el reflejo de Ferguson no es imprescindible para el inicio del parto, puesto que gestantes con sección medular, son también capaces de iniciar el parto y completarlo por vía vaginal.

E. EL CUELLO UTERINO

La estimulación del cuello uterino provoca un "pico" o descarga de prostaglandinas en el útero, activando la dinámica uterina. El aumento de la producción de prostaglandinas con la estimulación cervical (y/o el despegamiento de las membranas ovulares) explica el mecanismo por el que la maniobra de Hamilton es suficiente en ocasiones para desencadenar el parto. Pero el cuello uterino debe también evolucionar durante la gestación hasta el momento del parto, para que la actividad uterina se traduzca en borramiento y dilatación cervical. Las modificaciones que sufre el tejido cervical durante todo el embarazo, acentuadas en las últimas semanas, consisten en proteólisis y colagenólisis, aumentando las colagenasas marcadamente antes del inicio del parto. También disminuye la concentración de dermatán-sulfatos (unas moléculas que confieren rigidez al colágeno manteniendo el cuello uterino cerrado) y condroitín-sulfatos. Por el contrario aumenta el ácido hialurónico y el embebimiento acuoso al final de la gestación.

La causa de todos estos cambios en la estructura cervical parece ser el cociente estrógenos/progesterona que aumenta durante la mayor parte de la gestación, y un efecto paracrino de la prostaglandina E2 sintetizada en la decidua y el amnios que "emigra" hacia el cérvix, favoreciendo las modificaciones cervicales en los últimos días del embarazo. Además, se debe considerar el efecto estimulador de la oxitocina sobre los receptores deciduales, aumentando la síntesis de prostaglandinas. Buena prueba de ello es la disparidad de resultados que se obtienen al inducir el parto en distintos grupos de pacientes. En la pacientes en las que la inducción con oxitocina produce un incremento en las prostaglandinas E2 (porque los receptores deciduales están presentes en concentraciones importantes) se produce dinámica uterina, dilatación cervical y la inducción tiene éxito. Por el contrario, en aquellos casos en los que la administración de oxitocina para inducir un parto no aumenta la producción de prostaglandina E2 (porque los receptores deciduales a la oxitocina son escasos), se produce una actividad uterina similar a la de las pacientes citadas, pero no se modifica el cérvix, ni avanza la dilatación, y la inducción fracasa.

II.1. CONCLUSIÓN

Se han analizado los factores que actualmente se conocen, que influyen en la aparición de la actividad uterina suficiente para que, no sólo comience el parto sino que concluya con éxito. Cuando todos los factores y elementos descritos están "maduros", cualquier estímulo endógeno o exógeno iniciará fácilmente el parto. Cuando no lo están será difícil iniciarlo, y sobre todo que concluya con éxito con la expulsión del feto por vía vaginal. La falta de "madurez" de cualquiera de los factores citados explica las dificultades que se encuentran para inducir un parto, dificultades que aumentan cuanto más nos intentamos anticipar a la fecha prevista (por la naturaleza) para el su comienzo.

III. MECANISMO DEL PARTO NORMAL

Para poder realizar una asistencia correcta al parto es necesario conocer la mecánica obstétrica, ya que:

- Permite diagnosticar la normalidad o anormalidad de la evolución del parto, tanto en el período de dilatación como en el expulsivo.

- Es condición básica para indicar y realizar correctamente la operatoria obstétrica.

Sin embargo, su estudio con frecuencia es olvidado, ya que en la actualidad la disminución de la morbilidad y mortalidad de la cesárea como formar de finalizar el parto, ofrece una alternativa segura al parto quirúrgico por vía vaginal realizado de forma incorrecta, disminuyendo el interés por aspectos tradicionales de la práctica obstétrica. No obstante los conocimientos básicos del mecanismo del parto conservan toda su importancia. Cuando es posible el parto por vía vaginal de una forma segura para la madre y para el feto, no es una buena opción la realización de una cesárea por el desconocimiento de la mecánica obstétrica.

Desde el punto de vista mecánico, el parto se puede describir como un balance entre fuerzas y resistencias. Las contracciones uterinas (fuerzas) causan el borramiento y dilatación cervical y el descenso del feto a través del canal del parto (resistencias). En consecuencia, el parto comporta la progresión de un objeto impulsado en el interior de un canal por una fuerza, y se produce gracias a la interacción de los tres elementos del parto:

- El objeto del parto: Feto o pasajero.

- El canal del parto: La pelvis (canal óseo o duro) y el segmento uterino inferior, cuello del útero, vagina y periné (canal blando).

- El motor del parto: Actividad contráctil del útero.

La evolución del parto, desde un punto de vista mecánico, depende del espacio disponible en la pelvis, del tamaño del feto, de la estática fetal, de la adaptabilidad de la presentación fetal al espacio existente para su paso y de la intensidad de las fuerzas que impulsan al feto a través de la pelvis. De los elementos del parto sólo la pelvis es inmutable; el resto se modifica de un parto a otro en la misma mujer. La alteración de cualquiera de los elementos del parto, sola o combinada con la de otro, puede conducir a la evolución anormal del parto. A continuación se estudian los tres elementos del parto

de forma separada, antes de describir su interrelación en el mecanismo del parto.

III.1. OBJETO DEL PARTO

El objeto del parto es el feto. El feto puede influir en el mecanismo del parto por 1) Sus dimensiones, y 2) Su estática en el interior del útero o relación con la pelvis.

A. DIMENSIONES FETALES

Las tres porciones del cuerpo fetal más voluminosas son: la cabeza, la cintura de los hombros y la cintura pélvica

1. Cabeza

La cabeza del feto es su porción corporal más rígida y voluminosa, por lo que su expulsión es la parte más difícil del parto. La cabeza está formada por la cara, la base del cráneo y la bóveda craneal. La cara y la base del cráneo constan de huesos duros, unidos entre sí e indeformables. La bóveda craneal está formado por dos huesos frontales, dos huesos parietales, el occipital, las porciones escamosas de los temporales y las alas del esfenoides. Estos huesos no están soldados, sino que permanecen unidos por membranas denominadas suturas; en los lugares donde confluyen las suturas existen unos espacios irregulares cerrados también por una membrana, denominados fontanelas (tabla nº 3.1). Las suturas y fontanelas son puntos de referencia anatómicos, que permiten orientarse por el tacto sobre la convexidad lisa del cráneo y reconocer la posición fetal en relación con la pelvis.

La forma de la cabeza fetal es la de un ovoide irregular, estrecho por delante y ancho por detrás. Los diámetros de la cabeza fetal varían ampliamente dentro de los límites normales. La bóveda craneal es modelable y, en el curso del parto, se amolda para adaptarse a la morfología de la pelvis. El "moldeamiento" de la cabeza fetal en el curso del parto puede ocurrir por: 1) El acabalgamiento de los huesos parietales, que permite la reducción del diámetro transverso de la cabeza, y 2) El desplazamiento de la escama del occipital sobre los parietales que disminuye, aunque en menor medida, el diámetro antero-posterior. Sin embargo, es necesario señalar que:

- El contenido del cráneo no se puede comprimir; toda reducción de un diámetro supone el aumento de otro.
- El moldeamiento del cráneo fetal es tolerable si la deformación es moderada y se establece progresivamente.
- La reducción de los diámetros que ofrece el feto a la pelvis se realiza más por las modificaciones de la estática de la cabeza (posición y flexión), que por las deformidades del cráneo fetal.

Los diámetros del cráneo fetal son de gran importancia obstétrica, ya que durante el parto se produce la acomodación de las dimensiones cefálicas y pélvicas más favorables. En sentido transversal el más importante es el diámetro biparietal, mientras que en sentido antero-posterior lo es el suboccípito-bregmático. La flexión de la cabeza fetal sobre el cuerpo determina el diámetro antero-posterior del polo cefálico que se adapta a la pelvis materna. Este hecho es importante, ya que cada diámetro tiene una longitud diferente (tabla nº 3.2).

La articulación occípito-atlantoidea permite la flexión y la extensión de la cabeza. La unión entre la base del cráneo y el cuello está situada por detrás del centro de la base del cráneo, lo que determina la flexión completa de la cabeza durante por la presión de los huesos y tejidos blandos del canal del parto cuando la cabeza desciende por su interior. Cuando existe una flexión completa de la cabeza, como ocurre en el parto normal, se presenta a la pelvis el diámetro suboccípito-bregmático, cuya longitud media en el feto a término es de 9.5 cm.

2. Cintura escapular

La cintura escapular, o de los hombros, tiene forma ovoidea, con su eje máximo en sentido transversal. El diámetro mayor es el biacromial (transverso) con unas dimensiones de 12 cm, que se reducen a 10 cm por la adaptación y modificación de la posición relativa de los hombros durante su paso por el canal del parto. El diámetro antero-posterior mide unos 8 cm. El perímetro de los hombros es de 38 cm. El tronco fetal tiene una sección circular de 10 cm de diámetro; por su consistencia se adapta con facilidad a la forma del canal del parto, teniendo escasa influencia en su mecanismo.

3. Cintura pélvica

La cintura pélvica tiene forma ovoidea, con un diámetro máximo en sentido transversal (diámetro bitrocantéreo de 10 cm) y menor sagital (8 cm). Su perímetro es de 31 cm.

B. ESTÁTICA FETAL

Para describir la disposición espacial del feto en el interior del útero y su relación con la pelvis se utilizan los términos, actitud, situación, presentación, y posición.

1. Actitud

La actitud es la relación mutua que existe entre las diversas partes del cuerpo fetal. La actitud más frecuente del feto es en flexión completa. La espalda tiene una forma convexa, con la cabeza flexionada sobre el tronco, y la barbilla apoyada sobre el pecho. Los brazos, habitualmente flexionados, en contacto con la cara anterior del tórax. Los muslos en flexión sobre el abdomen y las piernas sobre los muslos. La actitud del feto es el resultado, al menos en parte, de su acomodación a la forma y tamaño de la cavidad uterina.

2. Situación

La situación es la relación entre el eje longitudinal de la madre y el feto. Existen las siguientes variedades:

- Longitudinal: El eje longitudinal materno y fetal coinciden.

- Transversa: El eje longitudinal materno y fetal son perpendiculares.

- Oblicua: Variante de la situación transversa, cuando el eje longitudinal materno y fetal adoptan una posición intermedia. La mayoría de las situaciones oblicuas se transforman en longitudinales o transversas al comenzar el parto.

3. Presentación

La presentación es la parte del feto en relación con el plano de entrada en la pelvis. Las variedades de la presentación fetal son:

- Cefálica: La cabeza del feto está en relación con el plano de entrada en la pelvis. Todas las presentaciones cefálicas son situaciones longitudinales. Según la relación entre la cabeza y el tronco del feto (actitud) se distinguen los tipos siguientes de presentación cefálica:

  - Occipucio: La presentación de occipucio es una variedad de presentación cefálica, con flexión completa de la cabeza sobre el tronco. Es la variedad más frecuente. La parte presentada es el occipucio. El punto guía de la presentación es la fontanela menor o lambdoidea. El diámetro cefálico que se ofrece a la pelvis es el suboccípito-bregmático (9.5 cm). Se denomina occípito-ilíaca (O.I.).

  - Sincipucio: La presentación de sincipucio o de bregma es una variedad de presentación cefálica, con una ligera deflexión de la cabeza fetal. El occipucio y la frente se encuentran al mismo nivel en la pelvis materna (actitud militar). La parte presentada es la sutura sincipital. El punto guía de la presentación es la fontanela mayor o bregmática. El diámetro cefálico que se ofrece a la pelvis es el fronto-occipital (12 cm). Se denomina sincípito-ilíaca (Si.I.)

- **Frente:** La presentación de frente es una variedad de presentación cefálica, con un grado intermedio de deflexión (extensión) de la cabeza fetal. El punto guía de la presentación es la sutura metópica. El diámetro de la presentación es el mento-occipital (13.5 cm), que es el de mayor longitud de la cabeza fetal. Se designa como fronto-ilíaca (F.I.).

- **Cara:** La presentación de cara es una variedad de presentación cefálica, con el grado máximo de deflexión de la cabeza fetal. La cara es la parte presentada. El punto guía de la presentación es la línea medio-facial, que en la práctica clínica se identifica con el mentón. El diámetro que ofrece la presentación es el submento-bregmático (9.5 cm), que tiene aproximadamente las mismas dimensiones que el suboccípito-bregmático utilizado por las presentaciones cefálicas flexionadas. En la mayoría de las ocasiones, la presentación de cara es el resultado de una presentación de frente que se ha deflexionado completamente en el curso del parto. Se designa como mento-ilíaca (M.I.).

- **Podálica:** La región pélvica del feto está en relación con el plano de entrada en la pelvis. Todas las presentaciones podálicas son situaciones longitudinales. Se designan como sacro-ilíacas (S.I.). Según la actitud de las extremidades inferiores se distinguen las variedades siguientes:

  - **Nalgas simples:** Sólo las nalgas están en relación con el plano de entrada pélvico; las piernas del feto están dirigidas hacia arriba, adosadas sobre el abdomen y el tronco.

  - **Nalgas y pies:** Las nalgas y pies del feto están en relación con el plano de entrada en la pelvis. Se distinguen dos tipos: 1) Completa: Las nalgas y los dos pies, y 2) Las nalgas y un pie.

  - **Pies:** Los pies del feto están en relación con el plano de entrada pélvico. Se distinguen dos tipos: 1) Completa: Los dos pies, y 2) Incompleta: Un píe.

- Rodillas: Las rodillas del feto están en relación con el plano de entrada en la pelvis. Se distinguen dos tipos: 1) Completa: Las dos rodillas, y 2) Incompleta: Una rodilla.

- Tronco: En las situaciones oblicuas o transversas cualquier porción del tronco del feto puede estar en relación con el plano de entrada en la pelvis. Se designan como acromio-ilíaca (A.I.)

4. Posición

La posición es la relación que existe entre el dorso del feto y la pared del abdomen materno. En la práctica, si consideramos el abdomen de la madre como un círculo de 360° cada posición ocupa un punto del mismo:

- Dorso-anterior: El dorso del feto está en relación con la línea medio-ventral del abdomen materno (D.A.).
- Dorso izquierda anterior: El dorso del feto se encuentra 45° a la izquierda de la línea medio-ventral del abdomen materno (D.I.A.).
- Dorso izquierda transversa: El dorso del feto se encuentra 905° a la izquierda de la línea medio-ventral del abdomen materno (D.I.T.).
- Dorso izquierda posterior: El dorso del feto se encuentra 135° a la izquierda de la línea medio-ventral del abdomen materno (D.I.P.).
- Dorso-posterior: El dorso del feto está en relación con la línea medio-dorsal de la madre (D.P.).
- Dorso derecha posterior: El dorso del feto se encuentra 135° a la derecha de la línea medio-ventral del abdomen materno (D.D.P.).
- Dorso derecha transversa: El dorso del feto se encuentra 90° a la derecha de la línea medio-ventral del abdomen materno (D.D.T.).
- Dorso derecha anterior: El dorso del feto se encuentra 45° a la derecha de la línea medio-ventral del abdomen materno (D.D.A.).

La terminología descrita es válida para todas las situaciones longitudinales. Las situaciones transversas se designan como anterior o posterior según la relación del dorso del feto con el abdomen de la madre, e izquierda o derecha según el lado en el que se encuentra la cabeza fetal.

El término posición también se emplea para designar la relación de la parte fetal presentada con la pelvis materna. En la presentación cefálica flexionada es el occipucio, en la presentación de nalgas el sacro, el mentón en la de cara, y el acromion en la de hombro. La parte ósea fetal designada se relaciona con la pelvis materna con los calificativos derecha, izquierda, anterior (en relación con la sínfisis púbica, posterior (en relación con el sacro) o transversa. Así, cuando en la presentación de occipucio, este se encuentra en relación con el pubis se denomina occípito-anterior (O.A.), designándose el resto de las posiciones al igual que se hacia con el dorso.

III.2. CANAL DEL PARTO

A. CANAL ÓSEO

El canal óseo del parto es la pelvis. La pelvis está formada por cuatro huesos: el sacro, el cóccix, y los dos coxales (fusión del íleon, isquion y pubis). Los dos coxales se unen por delante en la sínfisis púbica, mientras que por detrás se articulan con las tres primeras vértebras sacras a nivel de las articulaciones sacroilíacas. La pelvis está dividida en dos partes por la línea innominada:

- La pelvis mayor o falsa, situada por encima de la línea innominada, que carece de interés obstétrico

- La pelvis menor o verdadera, situada por debajo de la línea innominada, que forma el canal óseo del parto. Su límite posterior es la cara anterior del sacro y el cóccix, mientras que sus paredes laterales y anterior están formadas por la superficie interna del isquion y pubis, y una pequeña parte del íleon que desciende por debajo de la línea innominada.

Cuando se realiza la asistencia al parto se debe conocer la morfología y dimensiones de la pelvis, ya que su arquitectura determina la secuencia de movimientos que debe realizar el feto en el interior del canal del parto.

-Planos de la pelvis (tabla nº 3.3)

- Estrecho superior

El estrecho superior es el plano de entrada en la pelvis o límite superior de la pelvis menor. Está limitado, por delante por el borde superior de la sínfisis del pubis, lateralmente por las líneas innominadas, y por detrás por el promontorio (borde antero-superior de la primera vértebra sacra). Su forma general es ovalada, con un eje mayor transversal, aunque la protrusión del promontorio hacia su interior le hace parecerse a un corazón de naipe. El conjugado anatómico (promonto-suprapúbico) es desde el punto de vista teórico el diámetro antero-posterior real del estrecho superior. Sin embargo, el diámetro más corto es el conjugado obstétrico (promonto-retrópubico), que es de gran importancia, ya que la cabeza fetal debe pasar a este nivel. El conjugado obstétrico representa el espacio real del que dispone el feto para su paso a través de la pelvis. En la práctica clínica, el conjugado obstétrico no se puede medir directamente, aunque se puede estimar, mediante la pelvimetría interna, midiendo la longitud del conjugado diagonal (promonto-subpúbico) a cuya magnitud se le resta 1.5 cm. El diámetro transverso máximo del estrecho superior cruza perpendicularmente al conjugado anatómico, y representa la mayor distancia que existe entre las líneas innominadas. No puede ser medido con la exploración clínica. Generalmente cruza al conjugado anatómico unos 4.5 cm por delante del promontorio, en un punto posterior al centro del plano del estrecho superior. El diámetro transverso útil, así como los diámetros oblicuos, son utilizados por la cabeza fetal para introducirse en la pelvis.

- Excavación pelviana

La excavación pelviana es un espacio limitado por arriba por el estrecho superior y por abajo por el estrecho inferior. En la excavación pelviana se distinguen dos planos: 1) El plano de la excavación, y 2) El estrecho medio.

- Plano de la excavación

Es el plano de las máximas dimensiones pélvicas. Se extiende desde el punto más posterior de la sínfisis del pubis hasta la unión de SII-SIII, o porción más excavada de la concavidad del sacro; lateralmente pasa a través de los huesos isquiáticos, por encima del acetábulo. Su forma es casi circular.

- Estrecho medio

Es el plano de las mínimas dimensiones pélvicas. Está limitado por delante por el borde inferior de la sínfisis del pubis; lateralmente por la punta de las espinas ciáticas, y, por detrás por un punto situado entre el sacro y el cóccix. Su forma es oval, con el eje máximo en sentido antero-posterior, siendo su diámetro antero-posterior de 11.5 cm y el transverso (interespinoso) de unos 10 cm. Es el plano de mayor importancia clínica, ya que la mayoría de los partos se detienen a este nivel. El estrecho medio fija el límite de la extracción fetal por vía vaginal en el parto en presentación cefálica flexionada.

- Estrecho inferior

El estrecho inferior es el plano de salida o límite inferior de la pelvis menor. Está limitado, por detrás por la punta del cóccix; lateralmente, y de atrás adelante, por el borde inferior de los ligamentos sacrociáticos mayores, de las tuberosidades isquiáticas y de las ramas isquiopubianas; su límite anterior es el borde inferior de la sínfisis del pubis. En general, se considera que su forma es ovalada con el eje mayor en sentido antero-posterior. En realidad está formado por dos planos triangulares con una base común, que descienden desde el cóccix y la sínfisis del pubis, hasta una línea que se extiende entre las tuberosidades isquiáticas. El orificio inferior del canal pelviano está cerrado por el sistema muscular del diafragma pélvico, formado por los músculos elevadores del ano e isquio-coccígeos. Su diámetro antero-posterior (subpubo-subcoccígeo) mide 9.5 cm, pero por la desplazamiento del cóccix al paso de la presentación puede alcanzar los 11-12 cm.

2. Forma y dirección del canal óseo del parto

El canal óseo del parto se puede describir como un cilindro curvo irregular, con superficies internas, anterior y posterior, desiguales; la anterior corresponde a la sínfisis púbica y mide 4.5 cm, mientras que la posterior es el sacro, que mide 12 cm. La entrada a este cilindro es el estrecho superior, que está orientado hacia adelante y arriba, con una inclinación de unos 45°-60° en relación con una línea horizontal cuando la mujer está en bipedestación (inclinación pélvica). La salida es el estrecho inferior, que tiene una inclinación de unos 10° en relación con la horizontal.

El eje de la pelvis es la curva que forma el canal óseo del parto y la dirección que sigue el feto al pasar por la pelvis. Es una línea que pasa a través del centro de cada uno de los planos pélvicos. Su trayecto es recto hasta llegar al estrecho medio, donde describe una curva hacia delante centrada en la sínfisis del pubis. La forma del plano de entrada y de salida de la pelvis es diferente. El estrecho superior tiene su diámetro mayor en sentido oblicuo o transverso, por lo que la cabeza se introducirá en la pelvis haciendo coincidir su diámetro antero-posterior con uno de los diámetros oblicuos o transverso del estrecho superior. Sin embargo, el estrecho inferior tiene su eje mayor en sentido antero-posterior, por lo que la cabeza saldrá de la pelvis haciendo coincidir su diámetro antero-posterior con el diámetro sagital del plano de salida de la pelvis. En consecuencia, la forma de la pelvis y la diferente orientación del eje mayor de los planos de entrada y salida de la pelvis, determinan que el feto deba realizar movimientos complejos de giro alrededor del pubis y de rotación alrededor de su propio eje, simultáneamente con su descenso a lo largo del canal del parto.

3. Tipos de pelvis

Los cuatro tipos básicos de pelvis son las configuraciones ginecoide, androide, antropoide y platipeloide (tabla nº 3.4). La clasificación se basa en la forma del estrecho superior de la pelvis, aunque incluye características de otras porciones pélvicas. Los tipos puros de pelvis son poco frecuentes, y habitualmente existen formas mixtas, siendo la morfología del estrecho superior la que define el tipo pélvico. La clasificación no toma en consideración las dimensiones de la pelvis. Sin embargo, en relación con la evolución del parto, el tamaño de la pelvis es más importante que su forma. Si alguno de los diámetros pélvicos está disminuido puede ocurrir una obstrucción del parto. Incluso una pelvis ginecoide de forma óptima, puede no ser adecuada para el parto vaginal, si sus dimensiones son reducidas en relación con el tamaño del feto. Cada tipo de pelvis se asocia con un mecanismo del parto más probable, pero no obligado. Cualquier tipo de pelvis puede permitir el parto por vía vaginal.

- Pelvis ginecoide

La pelvis ginecoide es la pelvis femenina más frecuente (45-50%). Se caracteriza por:

- El estrecho superior tiene forma redondeada o ligeramente ovalada.
- El diámetro transverso del estrecho superior tiene una longitud igual o superior que el diámetro antero-posterior, y le cruza en su punto medio; la capacidad del segmento anterior y posterior es amplia y similar.
- Las paredes laterales de la pelvis son rectas y paralelas.

- Las espinas ciáticas no son prominentes.
- La escotadura sacrociática es redondeada.
- El sacro tiene una longitud e inclinación adecuadas y su cara anterior es cóncava.
- El arco subpúbico es amplio, con un ángulo de alrededor de 90º.

La morfología de la pelvis ginecoide es la más adecuada para la evolución espontánea del parto vaginal. La presentación se introduce en la pelvis haciendo coincidir la sutura sagital con el diámetro transverso o con uno de los diámetros oblicuos del estrecho superior; el parto evoluciona con rotación interna a posición occípito-anterior.

- Pelvis androide

La pelvis androide recuerda en su morfología a la pelvis masculina. Su frecuencia es del 15-20%, y sus características son:

- El estrecho superior tiene forma cuneiforme, en "corazón de naipe" o triangular con vértice anterior y base posterior.
- La longitud del diámetro antero-posterior y del diámetro transverso del estrecho superior es adecuada; sin embargo, el diámetro transverso cruza al antero-posterior cerca del sacro, por lo que el segmento anterior es estrecho y largo, mientras que el segmento posterior es corto y aplanado.
- Las paredes de la pelvis son convergentes (pelvis infundibuliforme).
- Las espinas ciáticas son prominentes, con reducción del diámetro transverso del estrecho medio.

- La escotadura sacrociática es estrecha.
- El sacro suele ser recto e inclinado hacia delante; el promontorio se introduce en el estrecho superior.
- El ángulo púbico es agudo (< 70º).

La pelvis androide es la menos favorable para la evolución del parto. Si ocurre el encajamiento de la presentación, es frecuente que se realice en posición occípito-posterior, por la morfología del estrecho superior, o que ocurra la detención del parto en occípito-transversa por el estrechamiento progresivo de las dimensiones pélvicas.

- Pelvis antropoide

En la pelvis antropoide existe una disminución de los diámetros transversales. Se observa en el 25-35% de las mujeres. Sus características son:

- El estrecho superior tiene una forma ovalada con predominio antero-posterior.
- El diámetro transverso del estrecho superior es menor que el antero-posterior, y le cruza en su punto medio; el segmento anterior y posterior tienen una morfología y dimensiones similares, pero son largos y estrechos.
- Las paredes laterales de la pelvis son paralelas.
- Las espinas ciáticas no son prominentes, pero puede existir cierta reducción del diámetro interespinoso por la morfología general de la pelvis.
- La escotadura sacrociática es ancha.
- El sacro es largo, con una marcada concavidad, vertical o inclinado en sentido posterior; no es raro que esté formado por seis vértebras.
- El ángulo subpúbico es normal o algo reducido.

La pelvis antropoide está relacionada con el encajamiento en antero-posterior, por la reducción de los diámetros transversos y con el parto en occípito-posterior.

- Pelvis platipeloide

En la pelvis platipeloide existe una disminución de los diámetros antero-posteriores con un aumento relativo de los. Se observa en el 5% de las mujeres y se caracteriza por:

- El estrecho superior tiene forma ovalada con predominio transversal.
- El diámetro transverso es largo, y mayor que el diámetro antero-posterior que es reducido, y al que corta cerca de su punto medio; la morfología del segmento anterior y posterior es similar, siendo anchos y cortos.
- Las paredes laterales de la pelvis son paralelas o divergentes.
- Las espinas ciáticas no son prominentes y el diámetro interespinoso es amplio.
- La escotadura sacrociática es estrecha.

- El sacro suele ser plano y recto, de longitud normal y algo inclinado hacia delante, por lo que diámetro antero-posterior del estrecho superior es algo más corto que el del estrecho inferior.
- El ángulo subpúbico es amplio (> 90º).

En términos generales, la pelvis platipeloide se asocia con la detención del parto en posición occípito-transversa o con anomalías en la flexión de la cabeza. La principal dificultad suele ocurrir en el plano de entrada pélvico, ya que el promontorio se proyecta hacia el interior del segmento posterior, e impide una flexión completa de la cabeza.

4. Exploración clínica de la pelvis.

La exploración clínica de la pelvis se basa en la inspección del rombo de

Michaelis y en la realización de la pelvimetría.

- Rombo de Michaelis

En la mujer adulta con pelvis normal es un cuadrilátero de forma romboidal y de lados iguales situado en la región sacra. Los puntos anatómicos que limitan al rombo de Michaelis son:

- Vértice superior: Apófisis espinosa de la 5ª vértebra lumbar.
- Vértice inferior: Punto superior del surco interglúteo.
- Vértices laterales: Espinas ilíacas postero-superiores.

Se inspecciona con la mujer en bipedestación, haciendo contraer los músculos glúteos y dirigiendo una iluminación lateral hacia la porción final de la espalda. En la pelvis normal el rombo es regular con los lados iguales. Cualquier desviación morfológica sugiere una anomalía pélvica.

- Pelvimetría

La pelvimetría es la medida de las dimensiones de la pelvis a partir de sus relieves óseos identificados por palpación, bien a través de la piel (pelvimetría externa) o bien mediante el tacto vaginal (pelvimetría interna).

- Pelvimetría externa

Con la pelvimetría externa se miden los diámetros externos de la pelvis utilizando un compás graduado o pelvímetro. La medida se realiza tomando los botones terminales del pelvímetro entre los dedos pulgar e índice de ambas manos y aplicándolos directamente sobre los puntos óseos. El valor del diámetro se lee en la escala graduada del pelvímetro. Los principales diámetros medidos con la pelvimetría externa son:

- Diámetro biespinoso: Es la distancia que separa a las espinas ilíacas antero-superiores. Con la mujer en decúbito supino, los botones del pelvímetro se aplican sobre el borde externo de cada espina ilíaca. Sus límites normales son de 24-26 cm.

- Diámetro bicrestal: Es la distancia que separa los dos puntos más alejados de las crestas ilíacas. Con la mujer en decúbito supino, los botones del pelvímetro se aplican en el lugar en que la separación entre las crestas ilíacas es mayor, al ser recorridas de delante hacia atrás. Sus límites normales son de 26-28 cm.

- Diámetro bitrocantéreo: Es la distancia que separa al trocánter mayor de los fémures. Los botones de cada pelvímetro se aplican sobre cada trocánter mayor; este se identifica haciendo que la mujer en decúbito supino realice movimientos de rotación externa de la extremidad inferior. Sus límites normales oscilan entre 30 y 32 cm.

- Conjugado externo (conjugado de Baudelocque): Es la distancia que existe entre la punta de la apófisis espinosa de la 5ª vértebra lumbar y el borde superior de la sínfisis del pubis. Se mide en bipedestación situando los botones del pelvímetro en los puntos mencionados. Sus límites normales son de 20-22 cm. Cuando el conjugado externo es menor de 18 cm puede existir una estenosis pélvica.

La pelvimetría externa es una exploración simple que proporciona una aproximación sobre las dimensiones pélvicas. Sin embargo, su valor es limitado, ya que para el paso del feto por el canal óseo del parto sólo los diámetros internos de la pelvis menor tienen importancia real. Las limitaciones de la pelvimetría externa son: 1) No proporciona una información directa sobre las dimensiones de la pelvis menor, 2) Sólo mide los diámetros externos de la pelvis mayor, que no siempre están en relación con los diámetros internos de la pelvis menor, y 3) La interposición de partes blandas entre el botón del pelvímetro y el punto óseo de referencia añade un error de medida, variable en cada mujer.

- Pelvimetría interna.

La pelvimetría interna es la valoración de la morfología y las dimensiones de la pelvis a partir de las eminencias óseas identificables por la exploración vaginal. Se valoran los siguientes parámetros:

- Conjugado diagonal: Es la distancia que existe entre el promontorio y el borde inferior de la sínfisis del pubis. Se mide introduciendo en la vagina los dedos índice y medio hacia el fondo de saco vaginal posterior, hasta identificar al promontorio. Una vez ha sido alcanzado por la punta del dedo medio, se bascula la mano hacia arriba y adelante hasta tocar con el borde radial del índice el borde inferior de la sínfisis del pubis. Con el dedo índice de la otra mano se marca el punto en que el borde inferior de la sínfisis toma contacto con el índice de la mano exploradora. Se retiran ambas manos manteniendo la relación entre ellas y se mide la distancia entre el extremo del dedo medio hasta la marca del dedo índice. La longitud normal del conjugado diagonal es de 12.5 cm; si a esta cifra se restan 1.5 cm se obtiene una aproximación de la dimensión del conjugado verdadero.

- Diámetro interespinoso: Es la distancia entre ambas espinas ciáticas. Mediante el tacto vaginal estos relieves óseos se identifican con facilidad, pero la medida de la distancia entre ambos es difícil salvo con la utilización de un pelvímetro específico.

Además es recomendable valorar: 1) La morfología de la cara anterior del sacro, apreciando su grado de concavidad o la existencia de relieves óseos, 2) La posición y movilidad del cóccix en relación con el sacro, 3) Las características de la cara posterior del arco púbico, y 4) El ángulo púbico.

5. Localización del feto en el interior de la pelvis

Desde el punto de vista clínico, la localización del feto en la pelvis, es importante para evaluar el grado de descenso de la presentación en el interior del canal del parto. El punto guía es la parte de la presentación fetal que se encuentra más declive en el interior del canal del parto. En consecuencia, es la parte que se tacta en primer lugar al realizar la exploración vaginal. En el caso de la presentación cefálica flexionada, el punto guía es la fontanela menor. En la práctica clínica se utilizan los planos de Hodge, que son cuatro plano paralelos de la pelvis menor con los que se relaciona el punto guía:

- I plano: Coincide con el estrecho superior, trazado entre el promontorio y el borde superior del pubis.

- II plano: Paralelo al anterior, pasa por el borde inferior de la sínfisis del pubis y el cuerpo de la segunda vértebra sacra; está situado dentro del plano de la excavación.

- III plano: Paralelo al anterior a la altura de las espinas ciáticas.

- IV plano: Situado en el plano de salida de la pelvis, paralelo al anterior a la altura de la punta del cóccix.

Otro método utilizado es el sistema de las espinas, que relaciona el punto guía de la presentación con el plano situado a nivel de las espinas ciáticas (estación 0), expresando en centímetros la distancia entre este plano y la parte más prominente de la presentación. En planos superiores al nivel de las espinas ciáticas, la altura de la presentación se designa con los números -1, -2, -3, y así sucesivamente, y en los planos inferiores con los números +1, +2, +3, etc.

B. CANAL BLANDO DEL PARTO

El canal blando del parto se desarrolla, cuando la presentación fetal desciende a través del segmento uterino inferior (ver: Motor del parto), el cuello del útero y la vagina. Tras la dilatación cervical, la cabeza fetal alcanza el suelo de la pelvis, y comienza a producirse la dilatación radial y el desplazamiento axial del diafragma urogenital, formando un conducto fibromuscular unido al estrecho inferior de la pelvis ósea. El estiramiento de los tejidos blandos es mayor en la pared posterior que en la anterior. Los elevadores del ano, se separan y distiende para formar un conducto cuyas dimensiones son similares a las de la cabeza fetal. El esfínter del ano se distiende, de forma que cuando desciende la cabeza, el ano se dilata, y el recto queda aplanado contra el sacro y los elevadores del ano. La vagina también se dilata para formar el revestimiento del conducto.

III.3. MOTOR DEL PARTO

El motor del parto es la contracción uterina, junto con la acción de la musculatura abdominal materna durante el período expulsivo. El resultado final de las fuerzas del parto es el borramiento y dilatación cervical, la distensión del segmento uterino inferior, y el descenso y expulsión del feto

A. CONTRACCIÓN UTERINA

1. Características de la contracción uterina

Cada contracción uterina presenta un patrón caracterizado por un aumento de la presión hasta alcanzar un punto máximo seguido de su descenso; hasta la siguiente contracción existe un intervalo de relajación que es interrumpido por la siguiente contracción :

- Fase de ascenso: Se caracteriza por un aumento rápido de la presión intrauterina; su duración es de 50 segundos.

- Acmé de la contracción: Es el ápice de la contracción o momento de máximo aumento de la presión intrauterina; su duración es de breves segundos.

- Fase de relajación:

  - Fase de relajación rápida: Se caracteriza por el rápido descenso de la presión intrauterina; su duración es de 50 segundos.
  - Fase de relajación lenta: La disminución de la presión intrauterina es más progresiva; su duración es de 100 segundos, aunque puede ser acortada por la aparición de la siguiente contracción.

Cuando se describe la contracción uterina aislada se utilizan los parámetros tono basal, intensidad, frecuencia, duración y actividad uterina total:

- Tono basal: Presión intrauterina mínima entre dos contracciones; se expresa en mm Hg.

- Intensidad: Diferencia entre la presión intrauterina más alta durante la contracción y el tono basal previo en mm Hg.

- Frecuencia: Se determina midiendo el intervalo de tiempo entre el acmé de dos contracciones sucesivas; se expresa en número cada 10 minutos.

- Duración: Es el período de tiempo que existe desde el comienzo al final de la contracción uterina; se expresa en segundos.

- Actividad uterina total: Producto de la intensidad de la contracción por su frecuencia en unidades Montevideo (U).

2. Valoración clínica

Las contracciones uterinas pueden valorarse por la exploración clínica. Se identifican al objetivar por palpación el endurecimiento de la pared del útero a través de las cubiertas abdominales. La percepción depende de la obesidad de la madre, del tono muscular de la pared abdominal, de la intensidad de la contracción y de la experiencia del explorador. Las contracciones uterinas se identifican por palpación abdominal cuando causan un incremento de 10 mm

Hg sobre el tono basal. La duración de la contracción estimada por palpación corresponde a un intervalo más breve que la objetivada cuando se registra la presión intrauterina, ya que la palpación no permite identificar sus porciones inicial y final. La percepción por la mujer es aún más breve, y está relación con el "umbral doloroso", que se establece a partir de los 25 mm Hg de presión intrauterina (punto de Polaillon). La palpación permite valorar de forma relativa la intensidad de la contracción. Las contracciones que exceden los 40 mm Hg de intensidad hacen que el útero no se pueda deprimir con el dedo del explorador. El método más exacto para valorar la actividad uterina durante el parto es la tocografía interna, ya que permite conocer el tono basal, la intensidad y la duración de las contracciones. La palpación del útero y la tocografía externa proporcionan información útil sobre la frecuencia de las contracciones, de interés relativo sobre la duración de la contracción, pero muy limitada sobre la intensidad y tono basal.

3. Actividad uterina durante el parto

Los aspectos básicos que caracterizan la actividad uterina espontánea durante el parto son:

- La actividad del útero no aparece de forma brusca cuando comienza el parto. Durante el embarazo se produce un aumento paulatino de la contractibilidad uterina espontánea. Antes de la 30ª semana de gestación existen contracciones uterinas poco frecuentes, de breve duración y baja intensidad (< 20 mm Hg); las contracciones más prolongadas e intensas reciben el nombre de contracciones de Braxton-Hicks; son indoloras, pero se perciben con facilidad por palpación abdominal. En el curso del tercer trimestre, aumenta gradualmente la ritmicidad, intensidad y frecuencia de las contracciones de Braxton-Hicks, que actúan iniciando los cambios en el cuello uterino antes del parto. El parto se inicia con la aparición de contracciones uterinas regulares y perceptibles, a menudo dolorosas, que causan la dilatación cervical. La transición del patrón de contractibilidad uterina propio de la gestación al característico del parto es gradual.

- En relación con la actividad contráctil, el útero se puede dividir en tres porciones funcionales:

  - Cuerpo uterino (fondo): Origen de la contracción uterina.
  - Segmento uterino (istmo): Transmisor de la fuerza de la contracción.
  - Cuello uterino: Resistencia a la fuerza de la contracción.

La contracción uterina normal se caracteriza por el predominio funcional del fondo sobre el resto del órgano. La "dominancia fúndica" o "triple gradiente descendente", que es necesaria para que la actividad uterina sea eficaz:

- La onda contráctil se inicia en marcapasos funcionales situados en los ángulos útero-tubáricos; la onda de excitación se propaga en sentido descendente a través del miometrio desde el fondo hacia el segmento inferior.

- La intensidad de la contracción disminuye según la onda de excitación se aleja del marcapaso; es mayor en el fondo que en el segmento uterino inferior.

- La duración de la contracción disminuye según la onda de excitación se aleja del marcapaso; la contracción es más prolongada en el fondo que en el segmento uterino inferior.

- La actividad contráctil uterina aumenta al evolucionar el parto, siendo máxima durante el período expulsivo:

  - Durante el período de dilatación, la intensidad de la contracción es de 25-30 mm Hg, el tono basal de 8-12 mm Hg, la frecuencia de 3 contracciones cada 10 minutos y la actividad uterina total oscila entre 80-120 U.

- Durante el período expulsivo, la actividad uterina aumenta hasta 250 U, la intensidad de la contracción alcanza los 70 mm Hg y la frecuencia es de 4-5 contracciones cada 10 minutos. Además, durante la expulsión fetal a la contracción del útero se añade la acción de los músculos abdominales que aumenta la presión intrauterina hasta 100 mm Hg o más.

- La actividad contráctil uterina se modifica por la postura materna. En decúbito lateral las contracciones uterinas son más intensas y menos frecuentes que en decúbito supino. La actividad uterina total es mayor en bipedestación o semisentada que en decúbito.

- Se admite que la regularidad y ritmicidad de las contracciones uterinas es necesaria para el progreso del parto. Sin embargo, el patrón contráctil que se observa en un parto normal es muy variable. Las contracciones no son idénticas en su intensidad y duración, ni se suceden con un ritmo constante. La actividad uterina puede ser aparentemente normal, de acuerdo con los criterios admitidos, pero ser ineficaz para que el parto progrese. A la inversa, una actividad uterina irregular puede permitir una adecuada evolución del parto.

- Durante el período del alumbramiento el útero se contrae rítmicamente, sin pausa, pero con una frecuencia rápidamente decreciente; unas 12 horas después del parto, la frecuencia de las contracciones se ha reducido a una contracción cada 10 minutos.

4. Acciones de la contracción uterina

Durante el parto la contracción uterina:

- Es la fuerza necesaria para que progrese la dilatación cervical, se produzca el descenso del feto por el canal del parto y ocurra su expulsión.

- Causa la reducción del flujo sanguíneo útero-placentario. Durante cada contracción disminuye el flujo de sangre materna al espacio intervelloso; durante la fase de relajación se reanuda el flujo sanguíneo.

- Interviene en el desprendimiento y expulsión de la placenta, y en la posterior hemostasia de la zona de inserción placentaria, durante el período del alumbramiento.

En la gestación a término, el cuello del útero es una formación cilíndrica de unos 2-3 cm de longitud, con el orificio cervical interno y externo cerrados, y orientado hacia atrás (posterior). Por la acción de las contracciones, el cuello se debe transformar en un anillo de 10 cm de diámetro que debe permitir el paso del feto. El borramiento es el proceso por el que el cuello uterino se acorta hasta desaparecer y quedar transformado en un anillo. El cuello uterino cambia de posición, pasando de posterior a anterior, hasta ocupar un lugar central en la vagina. La contracción uterina tracciona del cuello a través del segmento uterino inferior. Las fibras próximas al orificio cervical interno se incorporan al segmento uterino inferior, convirtiéndose en parte de éste. De esta forma, el cilindro cervical se va acortando (borrando). El conjunto de modificaciones cervicales (centramiento y borramiento del cuello) que ocurren al final del embarazo y al comienzo del parto recibe el nombre de maduración cervical.

Las fuerzas ejercidas por la contracción uterina son, en su conjunto, una resultante vertical dirigida según el eje del útero, que dilatan al cuello uterino y hacen progresar al feto por el interior del canal del parto. Para que ocurra la dilatación cervical, la fuerza de la contracción uterina debe traccionar del cuello de forma excéntrica, en un plano horizontal, perpendicular a la dirección de la fuerza ejercida por el cuerpo del útero. En consecuencia debe existir un sistema de transmisión que haga que un fuerza dirigida en sentido perpendicular pase a ser horizontal. Este sistema de transmisión, que puede ser comparado con una polea de reflexión, es el segmento uterino inferior, que es la cuerda de la polea, mientras que la polea propiamente dicha es la bolsa de las aguas, reemplazada por la presentación del feto tras su rotura. El segmento uterino inferior se forma entre el cuello y el cuerpo, a partir del istmo del útero, al final del embarazo y durante el comienzo del parto. Las contracciones uterinas hacen que el cuerpo del útero se diferencie en el segmento uterino superior, muscular y grueso, y el segmento uterino inferior, delgado y pasivo, separados por el "anillo fisiológico de retracción". El segmento uterino inferior recoge la fuerza generada por el fondo del útero, transmitida por la bolsa amniótica o el feto, y la dirige hacia el cuello. Se comporta como la correa de una polea de transmisión, modificando la dirección vertical de las fuerzas de tracción, en sentido horizontal, de forma que se aplican excéntricamente sobre el cuello uterino.

B. ACCIÓN DE LOS MÚSCULOS ABDOMINALES

Cuando la presentación fetal alcanza el suelo de la pelvis, la mujer siente la necesidad de pujar, mediante un esfuerzo voluntario de contracción muscular similar al de la defecación. La mujer realiza una inspiración profunda, retiene el aire, y contrae su diafragma y los músculos del abdomen. El resultado es un aumento de la presión intra-abdominal. La presión comprime al útero en toda su superficie y ayuda a la contracción uterina para lograr la expulsión del feto.

III.4. MECANISMO DEL PARTO

El mecanismo del parto es en esencia la adaptación de los diámetros de la presentación fetal a la forma y dimensiones del canal del parto. Aquí, se estudia el mecanismo del parto cuando el feto es expulsado en occípito-anterior, que es la modalidad más frecuente. Los movimientos cardinales del feto durante el parto son la forma en que logra su acomodación a la morfología del canal del parto. Son movimientos pasivos, determinados por la actividad contráctil del útero y la fuerza de los músculos abdominales maternos, e incluyen:

- Flexión.
- Descenso.
- Rotación interna.
- Deflexión.
- Rotación externa.

- Expulsión de los hombros y del resto del cuerpo fetal.

Aunque, por razones didácticas, se describen como si un movimiento ocurriera detrás de otro desde la acomodación de la cabeza al estrecho superior hasta la expulsión del feto, la realidad es que son movimientos progresivos, que no siempre siguen la misma secuencia y algunos ocurren de forma simultánea. El feto tiene tres segmentos de distocia, la cabeza, los hombros y las nalgas. Cada segmento fetal debe realizar básicamente cuatro tiempos fundamentales:

- Acomodación al estrecho superior de la pelvis.
- Descenso a la excavación.
- Acomodación al estrecho inferior de la pelvis.
- Desprendimiento.

A. MECANISMO DEL PARTO DE LA CABEZA FETAL

1. Acomodación de la cabeza fetal al estrecho superior.

La acomodación de la cabeza se realiza mediante:

- La orientación de la cabeza al diámetro oblicuo o transverso del estrecho superior.

La posición en que la cabeza se introduce en la pelvis depende de la forma del plano de entrada. La sutura sagital de la cabeza se ubica en uno de los diámetros del estrecho superior de la pelvis para iniciar su introducción en el canal del parto. En la mayoría de los casos el diámetro escogido es el transverso, aunque también se puede utilizar uno de los diámetros oblicuos, generalmente el izquierdo. De esta forma, el diámetro mayor de la presentación se acomoda a uno de los diámetros mayores del estrecho superior.

- La reducción de los diámetros del polo cefálico mediante la flexión de la cabeza fetal.

La flexión ocurre cuando la cabeza fetal encuentra la resistencia del canal del parto al introducirse en la pelvis. Es un movimiento básico en el mecanismo del parto, ya que disminuye los diámetros de la presentación, y permite el encajamiento y el descenso del feto. Antes del comienzo del parto, existe una flexión parcial de la cabeza como consecuencia del tono muscular. Cuando el parto se inicia, y para que progrese, el diámetro de la presentación debe pasar del fronto-occipital (12 cm) al suboccípito-bregmático (9.5 cm). Esto ocurre por un mecanismo de palanca, consecuencia pasiva de la resistencia que ofrece la pelvis al descenso de la presentación impulsada por las contracciones uterinas, en que la columna vertebral actúa como fulcro.

La acomodación de la cabeza en la primípara, ocurre en las últimas semanas de la gestación cuando se produce un aumento progresivo de la actividad contráctil. En la multípara ocurre durante parto. Aunque la comprobación de la entrada de la cabeza en la pelvis al final de la gestación en la primípara sugiere permeabilidad pélvica, su ausencia no siempre indica estenosis de la pelvis, ni se asocia con
desproporción pélvico-cefálica. De la misma forma, la utilidad de la maniobra de Mueller-Hillis (el explorador presiona sobre el fondo del útero y comprueba el descenso de la presentación en el interior de la pelvis) para predecir o descartar la existencia de una desproporción, es de utilidad muy escasa, ya que no predice un mayor riesgo de distocia.

La acomodación de la cabeza fetal al estrecho superior de la pelvis se ha producido cuando mediante la exploración vaginal se diagnostica:

- Punto guía de la presentación en I plano de Hodge (cabeza insinuada en la pelvis), y más tarde, punto guía de la presentación en II plano (cabeza fija).

- La sutura sagital de la cabeza orientada en un diámetro oblicuo o transverso del estrecho superior, tactándose la fontanela menor y siendo difícil de alcanzar la fontanela bregmática.

2. Descenso de la cabeza a la excavación de la pelvis (encajamiento)

Entre el estrecho superior y el estrecho medio, la forma de la pelvis es regular y sus dimensiones amplias. Por esta razón, la cabeza fetal no necesita modificar su actitud, ni su posición. Sin embargo, realiza algunas adaptaciones.

El descenso de la cabeza en el interior de la excavación se puede realizar en sinclitismo o asinclitismo. Sinclitismo es el término utilizado para indicar que la sutura sagital, cuando se introduce la presentación en el canal del parto, se encuentra a la misma distancia de la sínfisis del pubis que del promontorio; en este caso, la cabeza desciende a "plomo", recta dentro de la excavación. El asinclitismo es la desviación de la sutura sagital hacia el pubis o hacia el promontorio:

- Asinclitismo posterior (oblicuidad de Litzmann o presentación de parietal posterior): La sutura sagital se encuentra más cerca del pubis que del promontorio, y el parietal posterior, que se tacta en mayor proporción, ha descendido más en la pelvis que el anterior.

- Asinclitismo anterior (oblicuidad de Nägele o presentación de parietal anterior): La sutura sagital se encuentra más cerca del promontorio que del pubis, y el parietal anterior, que se tacta en mayor proporción) ha descendido más en la pelvis que el posterior.

En el parto normal se puede observar tanto el descenso de la presentación en sinclitismo como asinclitismo. En general, se considera que el descenso se inicia en asinclitismo posterior; por la acción de las contracciones uterinas, la cabeza desciende y se flexiona en sentido lateral, aproximando la sutura sagital hacia el pubis y descendiendo el parietal posterior que se acomoda a la concavidad del sacro; más tarde, y antes de la rotación interna, la cabeza adoptaría un ligero asinclitismo anterior. Cuando la entrada de la cabeza ocurre en sinclitismo, penetra en el pelvis el diámetro biparietal del feto, que tiene una magnitud de 9.5 cm. Sin embargo, mediante el asinclitismo el diámetro de la parte presentada disminuye a 8.75 cm, lo que permite una mejor acomodación de la cabeza del feto a las dimensiones de la pelvis. El diagnóstico de un asinclitismo acentuado y persistente durante el parto, cuando se asocia con otros datos clínicos, como evolución lenta del parto, deflexión, acabalgamiento importante de los parietales, tumor de parto acentuado, etc., puede sugerir una desproporción pélvico-cefálica.

El diagnóstico clínico del descenso de la presentación a la excavación, supone evaluar y comprobar que se ha producido el encajamiento de la presentación. La cabeza fetal está encajada cuando su plano mayor (suboccípito-bregmático, que incluye al diámetro del mismo nombre y al biparietal) ha franqueado el plano de entrada de la pelvis o estrecho superior. Desde el punto de vista clínico, la presentación fetal está encajada cuando el punto guía se encuentra a nivel del plano de las espinas ciáticas (III plano de Hodge). Diagnosticar que la presentación está encajada es considerar que la pelvis, al menos a nivel del estrecho superior, es permeable y capaz para las dimensiones del feto. Es prudente evitar el error diagnóstico de considerar el punto guía como la parte más declive del tumor de parto. Si se realiza un diagnóstico erróneo, la presentación no estará encajada, hecho de especial importancia cuando es necesaria la finalización del parto y optar entre la realización de una cesárea o la extracción fetal por vía vaginal.

3. Acomodación de la cabeza al estrecho inferior

La acomodación de la cabeza al estrecho inferior de la pelvis supone adaptar la sutura sagital al diámetro antero-posterior de este espacio pélvico, al mismo tiempo que el diámetro biparietal pasa entre las espinas ciáticas. Este hecho se logra mediante una rotación interna de 45° a 90° en función del diámetro de la pelvis utilizado en el descenso, oblicuo o transverso respectivamente. Es necesario insistir, en que aunque por motivos didácticos se está exponiendo la flexión primero, el descenso después, y ahora la rotación, estos movimientos no son planicinéticos, sino esterocinéticos, concomitantes y simultáneos. Es el ejemplo de un tornillo; penetra y rota, y al rotar profundiza más. En general, se considera que la rotación interna de la cabeza fetal es debida a la presencia y tonicidad del plano de los músculos elevadores del ano. Los elevadores configuran una hendidura, en sentido antero-posterior, que obliga a la cabeza a adaptarse en ese sentido. La pérdida de tonicidad del plano muscular en la mujer multípara puede explicar el hecho de que la rotación interna ocurra casi con el desprendimiento, o que incluso la cabeza no rote y se desprenda en una posición oblicua. La rotación interna concluye cuando el occipucio se sitúa bajo el pubis.

Simultáneamente con la rotación interna de la cabeza ocurre la orientación de los hombros en el estrecho superior de la pelvis. El diámetro biacromial es perpendicular al diámetro suboccípito-bregmático, de tal forma que cuando la cabeza rota a occípito-anterior, el diámetro biacromial se orienta en el diámetro transverso de la pelvis para iniciar su descenso (tabla nº 3.5).

4. Desprendimiento cefálico

La cabeza alcanza el suelo de la pelvis profundamente flexionada, con el occipucio debajo de la sínfisis del pubis y con la sutura sagital coincidiendo el diámetro antero-posterior del estrecho inferior. Las contracciones uterinas y la acción de la musculatura abdominal impulsan al feto hacia el exterior. La extensión ocurre mediante un movimiento de palanca en que el occipucio permanece fijo, bajo la sínfisis del pubis, y aparecen progresivamente por el orificio vulvar el sincipucio, bregma, frente, nariz, boca y mentón (movimiento en "cornada"). Después de que la barbilla ha pasado a través del periné, la cabeza cae y se desprende el occipucio de la sínfisis púbica, finalizando la expulsión de la cabeza. Simultáneamente con el desprendimiento cefálico se inicia el descenso de los hombros por el canal del parto, orientando el diámetro biacromial con el diámetro transverso de la pelvis (tabla nº 3.5).

B. MECANISMO DEL PARTO DE LOS HOMBROS Y DE LAS NALGAS

El encajamiento y descenso de los hombros han ocurrido simultáneamente con el descenso y desprendimiento del polo cefálico (tabla nº 3.5). El tercer movimiento del parto de los hombros es la acomodación del diámetro biacrominal con el diámetro antero-posterior del estrecho inferior. En este momento, la cabeza realiza la rotación externa, girando en sentido inverso al de la rotación interna, de forma que se sitúa en la misma posición que tenía al entrar en la pelvis, hecho por el que también se denomina "restitución". Cuando se completa la rotación externa, el diámetro biacromial ha girado hasta coincidir con el diámetro antero-posterior de la pelvis. El hombro anterior se mueve hacia delante para colocarse debajo del arco púbico. El periné se distiende de nuevo por el avance del hombro posterior. Por lo regular, el hombro posterior nace primero sobre el periné y el anterior lo hace después por debajo de la sínfisis del pubis. Después, el resto del niño se expulsa sin dificultad.

III.5. ALGUNOS ASPECTOS HISTÓRICOS SOBRE EL MECANISMO DEL PARTO

Fue Francois Mauriceau quién argumentó razones de peso en favor de la imposibilidad de apertura y separación del pubis durante el parto, al tiempo que considera diversas causas que van impedir la evolución del parto (distocia fetal). Se atribuye a Henricus Deventer la descripción ósea de la pelvis, sentando así las bases de una obstetricia funcional. Más tarde, en 1752, William Smellie describe el mecanismo del parto, apoyándose en excelentes ilustraciones. Jean Louis Baudelocque , aportó la pelvimetría externa para medir el conjugado diagonal. En 1897, Albert, al tiempo que Budin y Varnier, presentan la radiología pélvica aplicada al mecanismo del parto. En 1948,

Mengert describe todos los factores posibles que predisponen o determinan la desproporción pélvico-cefálica. Este trabajo está dedicado, con todo respeto, a la memoria de aquellos obstetras.

De acuerdo con las recomendaciones contenidas en el "Manual sobre Asistencia al Embarazo Normal" de la Sección de Medicina Perinatal de la SEGO, la mujer embarazada debe sospechar que comienza el parto y acudir a la Clínica o al Hospital cuando exista una de las siguientes condiciones:

- Contracciones uterinas rítmicas, progresivamente más intensas y con frecuencia de (al menos) 2 en 10 minutos durante 30 minutos.
- Pérdida de líquido por vagina (rotura de la bolsa).
- Pérdida hemorrágica por vagina.

I. ASISTENCIA AL PERÍODO DE DILATACIÓN

El período de dilatación es la etapa del parto que transcurre desde su inicio hasta que se alcanza la dilatación cervical completa. Se considera que el parto se ha iniciado cuando se instaura una actividad uterina regular (2-3 contracciones cada 10 minutos), la dilatación del cuello uterino es de 2-3 cm y existen modificaciones del resto de las características del estado cervical.

A. Evaluación inicial

La evaluación inicial incluye:

- Revisar o cumplimentar la anamnesis.

- Realizar una exploración física general, incluyendo:

  - Tensión arterial.
  - Frecuencia del pulso.
  - Temperatura.
  - Peso.
  - Talla.
  - Edemas.
  - Varices.

- Realizar una exploración abdominal, incluyendo:

  - Estimación de la altura del fondo uterino.
  - Estimación de la situación, presentación y posición fetal.
  - Auscultación del latido cardíaco fetal.
  - Valoración clínica de las contracciones uterinas.
  - Estimación clínica del tamaño fetal.

- Realizar una exploración vaginal, incluyendo:

  - Valoración de las condiciones del cuello uterino (dilatación, posición, consistencia y borramiento cervical).
  - Valoración del estado de la bolsa amniótica y, en caso de rotura, del color del líquido amniótico.
  - Estimación de la presentación y posición fetal, valorando la altura de la presentación.
  - Impresión clínica de la capacidad y configuración pélvica.

- Realizar una evaluación inicial del estado fetal:

  - Ver recomendaciones sobre "Control del estado fetal durante el parto".

- Realizar un estudio analítico, en función de:

- La información disponible a partir de las determinaciones realizadas en el tercer trimestre de la gestación durante la consulta prenatal.
- Prever la utilización de métodos de analgesia y/o anestesia, según las necesidades del procedimiento seleccionado.
- Hemoglobina y hematocrito, si no hubiese determinación en los 2 meses previos.

- Desde el momento en que se diagnostica el comienzo del parto se recomienda utilizar un partograma para registrar los datos obtenidos durante su evolución.

B. Medidas generales

- Ducha; enema y rasurado perineal (opcionales).

- Se instaurará una venoclisis, manteniendo una vía de perfusión intravenosa segura, siempre antes del inicio del período expulsivo.

- La mujer debe permanecer en ayunas, asegurando un buen estado de hidratación mediante la administración intravenosa de líquido.

- Se evitará la formación de globo vesical, siendo preferible la micción espontánea al sondaje vesical.

- Se informará a la mujer de la posibilidad de adoptar la postura que desee, siempre y cuando no interfiera con el control del estado fetal y de la actividad uterina. La deambulación sólo se permitirá si no existe riesgo de prolapso del cordón umbilical.

- Control de tensión arterial, frecuencia del pulso y temperatura cada 2 horas.

- La participación familiar en el apoyo a la mujer, durante el período de dilatación puede ser muy útil siempre que las condiciones del parto y del centro lo permitan. La idoneidad del acompañamiento familiar debe ser considerada en cada caso.

- El personal asistencial debe proporcionar apoyo emocional e información sencilla y veraz a la mujer, y a su familia, sobre la evolución del parto de forma periódica.

C. Evaluación de la progresión del período de dilatación.

La evolución del progreso del período de dilatación se realiza mediante la exploración vaginal y el control de la actividad uterina.

- Exploración vaginal:

  - Utilizar técnica estéril.
  - En cada exploración vaginal se evaluará:
    - La dilatación, posición, consistencia y borramiento del cuello.
    - El estado de la bolsa amniótica y, si está rota, el color del líquido amniótico.
    - La actitud, posición y altura de la presentación fetal.
  - El intervalo entre cada exploración vaginal depende de la actividad uterina, paridad y evolución del parto.
  - Se deben evitar los tactos innecesarios, especialmente tras la rotura de la bolsa amniótica.
  - No se realizará en ningún momento dilatación digital del cuello uterino.

- Control de la actividad uterina:

  - Existe una actividad uterina adecuada cuando permite el progreso satisfactorio de la dilatación cervical (1-2 cm por hora) sin repercusiones adversas para la madre o el feto.
  - El control de la actividad uterina se puede realizar mediante la evaluación clínica (palpación) o monitorización electrónica.

- La amniorrexis y/o la estimulación con oxitocina se pueden considerar cuando la evolución del parto así lo aconsejen:

  - La amniorrexis electiva se practicará, en su caso, cuando exista una dilatación cervical igual o superior a 4 cm y la presentación fetal esté al menos en el primer plano de Hodge. Cuando se produzca la rotura de la bolsa amniótica se debe valorar la cantidad y el color del líquido amniótico.
  - Si el progreso del parto es adecuado, no es necesario utilizar maniobras (rotura de las membranas) o fármacos (oxitocina) para estimular la actividad uterina.
  - Cuando, de acuerdo con el buen juicio clínico, se considera necesaria la utilización de oxitocina, se recomienda:
    - Administrar la oxitocina en solución por vía intravenosa utilizando bomba de perfusión y bajo control cardiotocográfico.
    - La solución debe tener una concentración de 10 miliunidades por mililitro (mU/ml), para facilitar su administración.
    - Existen varias pautas aceptadas para la administración de oxitocina, una de las cuales es:
      - Dosis inicial de 2 mU/minuto.
      - Aumentar la dosis hasta obtener una actividad uterina adecuada según el esquema siguiente:
        - Doblar la dosis cada 20 minutos hasta 16 mU/minuto
        - A partir de 16 mU/minuto los incrementos serán de 4 mU/minuto cada 20 minutos.
      - Dosis máxima de 40 mU/minuto.

IV. TABLAS

Tabla nº 3.1

SUTURAS Y FONTANELAS DEL CRÁNEO FETAL

SUTURAS	
Sagital	Entre los dos parietales
Metópica (medio-frontal)	Entre los dos frontales
Coronaria	Entre los frontales y parietales
Lambdoidea	Entre los parietales y el occipital
FONTANELAS	
Mayor, anterior, frontal o bregmática	Situada en el punto de confluencia de la suturas metópica, sagital y coronaria; tiene forma romboidal. Los ángulos del rombo se continúan con las suturas mencionadas.

Menor, posterior, occipital o lambdoidea	Situada en el punto de confluencia de la sutura sagital con las dos ramas de la sutura lambdoidea: tiene forma triangular y sus ángulos se continúan son las suturas mencionadas.
Temporales o de Casserio	La fontanela ptérica, o antero-lateral, está en la unión del temporal, esfenoides, parietal y frontal. La fontanela astérica, o postero-lateral, está en la unión entre parietal, occipital y temporal.

Tabla nº 3.2

DIMENSIONES DEL CRÁNEO FETAL

DIÁMETROS ANTERO-POSTERIORES	
Suboccípito-bregmático u oblicuo menor	Desde la región suboccipital hasta el bregma o fontanela menor (9.5 cm). Es el diámetro antero-posterior presentado cuando la cabeza fetal está flexionada.
Fronto-occipital o recto	Desde la protuberancia del occipital hasta la raíz de la nariz (12 cm). Es el diámetro utilizado en la presentación de sincipucio.
Mento-occipital u oblicuo mayor	Desde el mentón hasta el punto más distante del occipital (13.5 cm). Es el diámetro utilizado en la presentación de frente.
Submento-bregmático o hiobregmático	Desde el punto más bajo del mentón, cerca del hioides, al bregma (9.5 cm). Es el diámetro utilizado en la presentación de cara o deflexión completa de la cabeza fetal.
DIÁMETROS TRANSVERSOS	
Biparietal o transverso mayor	Se extiende desde una eminencia parietal a la otra. Es el diámetro transverso máximo de la cabeza (9.5 cm).
Bitemporal o transverso menor	Distancia mayor entre las dos suturas coronarias (7.5-8 cm).
PLANOS Y PERÍMETROS	
Suboccípito-bregmático	Se extiende a través de los diámetros suboccípito-bregmático y biparietal. Tiene el perímetro menor de todos los planos importantes (29 cm). Su forma es casi circular y es el plano que pasa por la pelvis en el mecanismo normal del parto.
Fronto-occipital	Pasa por los diámetros fronto-occipital y biparietal. Su circunferencia es de 34 cm.
Mento-occipital	Pasa por el diámetro mento-occipital. Es el plano más grande y tiene un perímetro de 38 cm.

Tabla nº 3.3

PLANOS DE LA PELVIS

¡Error! Marcador no definido.ESTRECHO SUPERIOR	
Diámetros antero-posteriores	
Conjugado anatómico o verdadero	Se extiende desde el promontorio al borde superior de la sínfisis del pubis (11.5-12 cm).
Conjugado obstétrico	Se extiende desde el promontorio al punto más próximo de la cara posterior de la sínfisis del pubis (11 cm).
Conjugado diagonal	Se extiende desde el promontorio a la parte inferior de la sínfisis del pubis (12.5 cm).
Diámetros transversos	
Transverso máximo	Se extiende entre los puntos más distantes de la línea innominada en sentido transversal (13 cm).
Transverso útil	Es el diámetro transverso perpendicular en el punto medio al diámetro antero-posterior máximo (12-12.5 cm).
Sagital posterior	Se extiende desde la intersección de los diámetros transverso máximo y conjugado anatómico hasta el promontorio (4.5 cm).
Diámetros oblicuos	
Oblicuo derecho	Se extiende desde la articulación sacroilíaca derecha a la eminencia ileopectínea izquierda (12.5 cm).
Oblicuo izquierdo	Se extiende desde la articulación sacroilíaca izquierda a la eminencia ileopectínea derecha (12.5 cm).
PLANO DE LA EXCAVACIÓN PELVIANA	
Antero-posterior	Se extiende desde la sínfisis púbica hasta la unión de SII-SIII (12.75 cm).
Transverso	Es la distancia entre los puntos más separados de las paredes laterales de este plano (12.5 cm).
ESTRECHO MEDIO	
Antero-posterior	Se extiende desde el borde inferior de la sínfisis del pubis hasta el punto de unión del sacro con el cóccix (12 cm).
Transverso (inter-espinoso)	Une a las espinas ciáticas (10.5 cm).
Sagital posterior	Desde el diámetro interespinoso hasta la unión del sacro con el cóccix (4.5-5 cm).
ESTRECHO INFERIOR	

Antero-posterior (subpubo-subcoccígeo)	Es un diámetro sagital. Se extiende desde el punto más inferior de la sínfisis del pubis hasta la punta del cóccix; mide 9.5 cm, pero por la desplazamiento del cóccix al paso de la presentación puede alcanzar los 11.5 cm.
Transverso (inter-tuberoso)	Une a las tuberosidades isquiáticas (11 cm).
Sagital posterior	Se extiende desde la mitad del diámetro inter-tuberoso al extremo del cóccix (7.5 cm).

Tabla nº 3.4

CARACTERÍSTICAS DE LOS TIPOS BÁSICOS DE LA PELVIS

	GINECOIDE	ANDROIDE	ANTROPOIDE	PLATIPELOIDE
ESTRECHO SUPERIOR				
Forma	Redondeada	Cuneiforme	Ovalada sagital	Ovalada transversal
Diámetro antero-posterior	11-11.5 cm	11-11.5 cm	> 12 cm	10 cm
Diámetro transverso útil	12 cm	12 cm	< 12 cm	> 12 cm
Diámetro sagital anterior	Adecuado	Largo	Largo	Corto
Diámetro sagital posterior	4.5 cm	Corto	Largo	Corto
Segmento anterior	Circular y amplio	Estrecho y largo	Largo y estrecho	Ancho y corto
Segmento posterior	Circular y amplio	Ancho y corto	Largo y estrecho	Ancho y corto
ESTRECHO MEDIO				
Diámetro antero-posterior	12 cm	Reducido	Largo	Corto
Diámetro transverso	10.5 cm	Reducido	Adecuado	Largo
Diámetro sagital posterior	4.5-5 cm	Reducido	Adecuado	Corto
Diámetro sagital anterior	Adecuado	Reducido	Adecuado	Corto
Paredes de la pelvis	Paralelas	Convergentes	Paralelas	Paralelas/divergentes
Espinas ciáticas	No prominentes	Prominentes	No prominentes	No prominentes
Escotadura sacrociática	Redondeada	Estrecha	Ancha	Estrecha
Inclinación del sacro	Media	Anterior	Posterior	Anterior

ESTRECHO INFERIOR				
Diámetro anteroposterior	Adecuado	Corto	Largo	Corto
Diámetro transverso	11 cm	Corto	Adecuado	Largo
Ángulo subpúbico	Adecuado (90º)	Agudo (< 70º)	Algo reducido	Muy ancho (> 90º)

Tabla nº 3.5

MECANISMO DEL PARTO EN PRESENTACIÓN CEFÁLICA MODALIDAD DE VÉRTICE

PARTO DE LA CABEZA	PARTO DE LOS HOMBROS	PARTO DE LAS NALGAS
I. Acomodación al estrecho superior (flexión, plasticidad, orientación diámetro transverso/oblicuo).		
II. Descenso a la excavación (encajamiento): - Sinclitismo. - Asinclitismo.		
III. Acomodación al estrecho inferior (rotación interna).	Acomodación al estrecho superior.	
IV. Desprendimiento.	Descenso de los hombros a la excavación.	
V. Rotación externa.	Acomodación al estrecho inferior.	
	Desprendimiento hombro anterior y posterior	
		Desprendimiento de las nalgas y extremidades inferiores

V. BIBLIOGRAFÍA

1- Wolf JP, Sinosich M, Anderson TL, et al. Progesterone antagonist (RU-486) for cervical dilatation, labor induction and delivery in monkeys: effectiveness in combination with oxytocin. Am J Obstet Gynecol 1989;160:45.

2- Berg G, Anderson RGG, Ryden G. β-adrenergic receptors in human myometrium during pregnancy.

3- Fuchs AR, Periyasami S, Alexandrova M, et al. Correlation between oxytocin receptor concentration and responsiveness to oxytocin in pregnant rat myometrium: effect of ovarian steroids. Endocrinology 1983;113:742.

4- Fuchs AR, Fuchs F, Husslein P, et al. Oxytocin receptor in the human uterus during pregnancy and parturition. Am J Obstet Gynecol 1984;150:734.

5- Garfield RE, Kannon MS, Daniel EE. Gap junction formation in myometrium: control by estrogens, progesterone and prostaglandins. Am J Physiol 1980;238:C81.

6- Garfield RE, Tabb T, Thilander G. Intracellular coupling and modulation of uterine contractility. In: Garfield RE, ed. Uterine Contractility. Norwell (Mass): Serono Symposia, 1990:21.

7- Fuchs AR, Fuchs F, Husslein P, et al. Oxytocin receptors and human parturition: a duan role for oxytocin in the initiation of labor. Science 1982;215:1396.

8- Gennser G, Ohrlander S, Eneroth P. Fetal cortisol and the initiation of labour in the human. In: The fetus at birth. Ciba Foundation Symposium (New Series). Amsterdam: Elsevier, 1977:401.

9- Bleasdale JE, Johnston JM. Prostaglandins and human parturition: regulation of arachidonic acid mobilization. Rev Perinatal Med 1985;5:151.

10- Casey ML, Mitchell MD, Mac Donald PG. Epidermal Growth Factor stimulates PGE2 production in human amnion cells especifically, and non arachidonic acid dependency. Mol Cell Endocrinol 1987;53:169.

11- Mitchel MD. Action of transforming growth factors on amnion cell prostaglandin miosynthesis. Prostaglandins Leukot Essent Fatty Acids 1988;33:157.

12- Fuchs AR, Fuchs F. Endocrinology of human parturition: A review. Br J Obstet Gynaecol 1984;91:1984.

13- Fuchs AR, Romero R, Keefe D, et al. Pulsatile oxytocin secretion, increases during labor in women. Am J Obstet Gynecol 1991;167:1515.

14- Huszar G, Hayashi R. Physiological aspects of myometrial contractility and cervical dilatation. In: Fuchs AR, Fuchs F, Stubblefield PG, eds. Preterm Birth. Causes, Prevention and Management. New York: Mc Graw Hill, 1993:41.

15- 1. Husslein P, Fuchs AR, Fuchs F. Oxytocin and the initiation of human parturition:

l. Prostaglandin release induction of labor with oxytocin. Am J Obstet Gynecol 1981;141:668.

16- Zlatnik FJ. Trabajo de parto y parto normales y su atención. In: Scott JR, DiSaia PJ, Hammond CB, Spellacy WN, eds. Tratado de Obstetricia y Ginecología de Danforth. Atlampa, México: Nueva Editorial Interamericana, 1994:165.

17- Pritchard J, MacDonald P, Gant N. Mecanismo del parto normal en presentación occipital. In: Pritchard J, MacDonald P, Gant N, eds. Obstetricia de Williams. Barcelona: Salvat Ed, 1986:313.

18- Botella Llusiá J, Clavero Nuñez JA. El parto normal (II). In: Botella J, Clavero JA, eds. Tratado de Ginecología. Madrid: Díaz de Santos, 1993:221.

19- Schwarcz R, Salas S, Duverges C. El parto en las distintas presentaciones. In: Schwarcz R, Salas S, Duverges C, eds. Obstetricia. Buenos Aires: El Ateneo, 1970:236.

20- Vanrrell JA. Parto normal en presentación de vértice. In: González Merlo J, Del Sol JR, eds. Obstetricia. 4th ed. Barcelona: Ediciones Científicas y Técnicas, 1992:226.

21- Carrasco Rico S, Iglesias Diz M. Consulta prenatal (Guía de asistencia prenatal). In: Fabre E, ed. Manual de asistencia al embarazo normal. Grupo de Trabajo de la Sección de Medicina Perinatal de la Sociedad Española de Ginecología y Obstetricia. Zaragoza: Ed Luis Vives, 1993:73.

22- Caldeyro-Barcia R. Contractility of the pregnant human uterus and controlling factors. Proc XXI Congreso Internacional de Ciencias Fisiológicas. Buenos Aires, 1959.

23- Fabre E, González de Agüero R. Distocias dinámicas. In: Dexeus S, Carrera JM, eds. Tratado de Obstetricia Dexeus. II. Patología Obstétrica. Barcelona: Salvat Editores, 1987:457

24- Baudet J, Daffos F, eds. Obstétrique pratique. París: Maloine, 1977:346.

25- Al-Azzawi F. El mecanismo del parto. In: Al-Azzawi F, ed. Atlas en color del parto y técnicas obstétricas. Madrid: Mosby Year Book de España, 1992:21.

26- Pernoll M, Benson R. Evolución y conducción del trabajo de parto. In: Benson R, Pernoll M, eds. Manual de Obstetricia y Ginecología. México: Interamericana-McGraw Hill, 1994:165.

27- Steele K, Javert C. The mechanism of labor for transverse positions of the vertex. Surg Gynecol Obstet 1942;75:477.

28- Thorp J, Pagel-Short L, Bowes WA. The Mueller-Hillis maneuver: Can it be used to predict dystocia? Obstet Gynecol 1993;82:519.

29- Borrell V, Fernström I. Mecanismo del parto. Barcelona: Salvat Ed, 1970:519 (Käser O, Friedberg V, Ober KG, Thomsen K, Zander J: Ginecología y Obstetricia;

vol 2).

30- De Miguel JR, Sánchez R. La conducta obstétrica de Francois Mauriceau en el parto distócico. Lectura y estudio de las fuentes (I). Toko-Gin Pract 1992;51:40.

Sevilla 31 Diciembre 2012

_____